BEI GRIN MACHT SICH IHR WISSEN BEZAHLT

- Wir veröffentlichen Ihre Hausarbeit, Bachelor- und Masterarbeit

- Ihr eigenes eBook und Buch - weltweit in allen wichtigen Shops

- Verdienen Sie an jedem Verkauf

Jetzt bei www.GRIN.com hochladen und kostenlos publizieren

Anonym

Niedermoore - Entstehung, Merkmale und Nutzung im Überblick

GRIN Verlag

Bibliografische Information der Deutschen Nationalbibliothek:

Die Deutsche Bibliothek verzeichnet diese Publikation in der Deutschen Nationalbibliografie; detaillierte bibliografische Daten sind im Internet über http://dnb.d-nb.de/ abrufbar.

Dieses Werk sowie alle darin enthaltenen einzelnen Beiträge und Abbildungen sind urheberrechtlich geschützt. Jede Verwertung, die nicht ausdrücklich vom Urheberrechtsschutz zugelassen ist, bedarf der vorherigen Zustimmung des Verlages. Das gilt insbesondere für Vervielfältigungen, Bearbeitungen, Übersetzungen, Mikroverfilmungen, Auswertungen durch Datenbanken und für die Einspeicherung und Verarbeitung in elektronische Systeme. Alle Rechte, auch die des auszugsweisen Nachdrucks, der fotomechanischen Wiedergabe (einschließlich Mikrokopie) sowie der Auswertung durch Datenbanken oder ähnliche Einrichtungen, vorbehalten.

Impressum:

Copyright © 2008 GRIN Verlag GmbH
Druck und Bindung: Books on Demand GmbH, Norderstedt Germany
ISBN: 978-3-638-94334-5

Dieses Buch bei GRIN:

http://www.grin.com/de/e-book/90344/niedermoore-entstehung-merkmale-und-nutzung-im-ueberblick

GRIN - Your knowledge has value

Der GRIN Verlag publiziert seit 1998 wissenschaftliche Arbeiten von Studenten, Hochschullehrern und anderen Akademikern als eBook und gedrucktes Buch. Die Verlagswebsite www.grin.com ist die ideale Plattform zur Veröffentlichung von Hausarbeiten, Abschlussarbeiten, wissenschaftlichen Aufsätzen, Dissertationen und Fachbüchern.

Besuchen Sie uns im Internet:

http://www.grin.com/

http://www.facebook.com/grincom

http://www.twitter.com/grin_com

„Niedermoore"

Mittelseminar Physische Geographie

Wintersemester 2007/2008
28. November 2007

Inhaltsverzeichnis

1. EINLEITUNG / ALLGEMEIN	**3**
1.1 HISTORIE	4
1.2 LANDVERBREITUNG	6
1.3 NIEDERMOORTYPEN	7
2. ENTSTEHUNG/ ENTWICKLUNG	**9**
2.1 ENTWICKLUNGSSTADIEN	10
2.2 BODENPROFIL	12
2.3 TORFTYPEN	13
3. FLORA & FAUNA	**14**
3.1 FLORA DES ÖKOSYSTEMS	14
3.2 FAUNA DES ÖKOSYSTEMS	15
4. ANTHROPOGENE NUTZUNG	**16**
4.1 WIRTSCHAFTSFAKTOR NIEDERMOOR	16
4.2 RENATURIERUNG	18
4.3 ZUKUNFTSENTWICKLUNG DER NIEDERMOORE IN DEUTSCHLAND	18
5. QUELLEN- UND LITERATURVERZEICHNIS	**20**
INTERNETQUELLEN	20
I TABELLEN- UND ABBILDUNGSVERZEICHNIS	21

1. Einleitung / Allgemein

Mit dieser Belegarbeit soll dem Leser ein erster Einblick über die Komplexität der Moore geben werden. Das speziell behandelte Thema sind hierbei die Niedermoore in Mitteleuropa. Die Schwerpunkte habe ich chronologisch nach der Historie, dem Aufbau und der momentanen Beschaffenheit, sowie der Nutzung und den Zukunftsaussichten in Deutschland gegliedert.

Zunächst wird näher erläutert, wie ein Moor entstehen kann.

Moore entstehen unter anderem bei hohem Luftmangel im Untergrund, hoch verdichtetem Boden, permanent gestauten Niederschlägen auf dem Oberboden oder durch eine Grundwasserspeisung.[1] Der in dieser Arbeit behandelte Moortyp „Niedermoor", wird überwiegend durch mineralbodenhaltiges Grundwasser gespeist, wobei eine permanente positive Wasserbilanz nötig ist.

Das heißt also, Moor ist nicht gleich Moor. Aus Grundwasser gespeiste Niedermoore sind durch die Bodenelemente relativ nähr- und mineralstoffreich, sowie mit einem ausgeglichen Säure-Basen-Haushalt präsent. Das Hochmoor hingegen ist extrem nährstoffarm und sauer. Es hat keine Verbindung zum Grundwasser und der Säuregehalt entspricht ungefähr dem des Essigs. Diese Eigenschaften lassen schon erahnen, welche Unterschiede für die Lebensgrundlage der Flora und Fauna bestehen.

Das Niedermoor hat eine Vielzahl an wichtigen natürlichen Funktionen. Unter anderem eine Lebensraumfunktion, Pufferfunktion und Regelungsfunktion (Stoffspeicher, -senke, Wasserrückhaltefunktion)[2], sowie eine Archivfunktion für Natur und Kulturgeschichte (Moormann, Pollenanalyse etc.). Diese Funktionen sind auch allgemeine Bodenfunktionen und treffen zu, da das Moor ein Bodentyp ist. Je nach Moortyp und Mächtigkeit kann das Moor z.B. Senke für Kohlenstoff und Stickstoffverbindungen (langfristige Festsetzung)sein.[3] Die Kohlenstofffestsetzung im naturnahen Niedermoor, erreicht je Jahr und Hektar ca. 500 kg bis 1500 kg. Dies entspricht 1800 kg bis 5500 kg CO^2 aus der Atmosphäre.[4] Auch Nitrat aus dem Grundwasser wird jährlich in Mengen von ca. 180 kg/ha gebunden und

---

[1] Liedtke/ Marcinek, 1995, S. 187
[2] Kratz/ Pfadenhauer, 2001, S. 31
[3] WWF, 2007
[4] Niedersächsisches Umweltministerium, 2002, S.9

gespeichert. Stickstoff wurde ebenfalls in hohem Maße in der Bodenzusammensetzung festgestellt.[5]
Im allgemeinen Sprachgebrauch wird das Moor oft als Sumpf bezeichnet. Aber Sümpfe unterscheiden sich vom Moor dadurch, dass keine permanente Wassersättigung herrscht. Sümpfe trocknen regelmäßig aus, der Wasserstand variiert ständig.
Die Physiognomie in Hochmoore und Niedermoore wird weiterhin nach Örtlichkeiten unterschieden an denen das Moor entstanden ist. Da Moore Wasserüberschussgebiete sind die von Torf bildender Vegetation besiedelt werden, handelt es sich bei den Orten immer um Lokalitäten mit positiver Wasserbilanz (siehe Abb.2). Diese bewirkt, dass bis zu 95% des Moorkörpers aus Wasser und nur 3% bis 10% des Volumens aus Feststoffen bestehen.[6]

Abbildung 1: Gewässersystem in Mooren

Die Niedermoore, Moore allgemein können als eine Art „Niere der Landschaft" verstanden werden. Das Moor nimmt Wasser, welches mit verschiedenen Stoffen angereichert ist auf und gibt es gefiltert (wie bereits erwähnt) und nahezu Nährstofffrei wieder in das Gewässersystem ab. Die Stoffe werden in den Torfschichten zwischen- oder abgelagert.

Das Niedermoor wird im Sprachgebrauch auch als Flachmoor oder Reichmoor bezeichnet. Diese Nomenklatur entstand aus der Physiognomie des Niedermoores. Flachmoor, da es erheblich weniger schnell wächst als ein Hochmoor und keine so enormen Schichten aufbaut. Reichmoor heißt es, da es reich an mineralbodenhaltigen Nährstoffen ist und einen geringeren Säuregrad (bessere Lebensbedingungen) als ein Zwischenmoor oder Hochmoor aufweist.
Die Gliederung der Moore wurde nach der Herkunft des Wassers vorgenommen, Niedermoore haben oft ein größeres Wassereinzugsgebiet als Hochmoore.[7]

1.1 Historie

Das Moor entspricht seinem Klischee des 18. Jh. als oft kalt nasser Lebensraum. In damaliger Zeit wurde das Moor aber nicht als Lebensraum bezeichnet, es galt als lebensfeindlich.

---

[5] Niedersächsisches Umweltministerium, 2002, S.9
[6] Succow, 1986, S. 32ff
[7] Niedersächsisches Umweltministerium, 2002, S.4

Die Hauptbildungszeit der Niedermoore war das jüngere Holozän.[8] In dieser Zeit der geologischen Gegenwart haben eiszeitliche Gletscher ein Relief hinterlassen, daraus bildeten sich im Spät- und Postglazial die moortypischen Bodenwasserverhältnisse heraus.[9] Aber auch schon vor 100.000 Jahren überrollten gewaltige Mengen Schmelzwasser den Sandboden, der Meeresspiegel sank und das abfließende Wasser staute sich in Mulden, Niederungen und dem teilweise undurchlässigen Boden. Ab ca. 6000 v. Chr. bildeten sich Niedermoore. Noch heute sind in den unteren Profilebenen Molasseschichten (Mudde) zu finden, welche auf maritime Einwirkungen zurückgehen. Mudden bilden entwicklungsgeschichtlich gesehen die unterste Schicht topogener Moore (Verlandungsmoore). Absterbende Pflanzen fielen ins Wasser und wurden nach langen Prozessen zu Torf umgewandelt. Ungefähr 3000 v. Chr. war ein Großteil der Niederungsgebiete mit Torf bedeckt. In Flusstälern und anderen Niederungen bildeten sich nach der Eiszeit durch hohe Grundwasserstände Niedermoore.[10] Um 2500 v. Chr. wuchs in flussfernen Bereichen auf dem Niedermoor das Hochmoor.

Generell lässt sich feststellen, dass der Abbau organischer Substanz und die Torfbildung je nach Moortyp unterschiedliche Auswirkungen hat (Höhenwachstum= Hochmoor, Nährstoffzufuhr= Niedermoor).
Moorbildung fand in Deutschland vermehrt in Niederungen und dem Alpenvorland statt.[11] Dort kann man erkennen, das die Niedermoore oft nur wenige Dezimeter mächtig gewachsen sind (siehe Drömling), Hochmoore dagegen bis zu 5m und mehr.[12]

Bereits im 11., 12., 13. Jh. wurden zahlreiche Siedlungen auf moorigem oder sumpfigen Grund angelegt[13]. Die ersten Moortrockenlegungen erfolgten durch Mönche (allein in Friesland wurden 39 Klöster zur Niedermoorerschließung gegründet[14]). Davon zeugen noch heute archäologische Funde. Vor allem der Moormann von Tollund ist überregional bekannt und eines der ältesten entdeckten Relikte der Moorbesiedlung.
Mit der Industrialisierung folgte die rasante Erschließung der Moore, jedoch wurden die Niedermoore fast ausschließlich als Acker oder Grünland genutzt, da aufgrund der geringen Torfmächtigkeit keine Torfproduktion auf Dauer sinnvoll zu sein schien.

---

[8] Liedtke/ Marcinek, 1995, S. 461
[9] Liedtke/ Marcinek, 1995, S. 461
[10] Liedtke/ Marcinek, 1995, S. 461
[11] Kratz/ Pfadenhauer, 2001, S. 13
[12] Berg, 2004, S.17ff
[13] Berg, 2004, S. 16
[14] Berg, 2004, S. 16

1.2 Landverbreitung

Moore sind relativ weit verbreitet und haben so allein im deutschen Sprachraum Synonyme wie Bruch, Luch, Ried, Filz oder Moos inne. Weltweit gesehen erstreckt sich die Verbreitung aber vor allem über Russland, Nordamerika, Nordeuropa, Südamerika sowie Nord- und Südostasien. Heute werden circa 3% der Landfläche der Erde von Mooren bedeckt(alle Moore). Dabei bedecken Niedermoore meist maritim geprägte Regionen, während Hochmoore oft unter kontinentalem Klimaeinfluss verbreitet sind[15]

Bis zu einem Drittel der Landesfläche Mitteleuropas sind bzw. waren durch Moore eingenommen, die meisten sind von Mineralbodenwasser gespeiste Niedermoore.

Das heute noch höchste Vorkommen befindet sich in Russland, Kanada und Alaska(Moorvorkommen, siehe Tabelle 1). In Deutschland erstreckt sich die Verbreitung vor allem über den Nordwesten, Nordosten und im Alpenvorland. Diese Vorkommen sind entstehungsgeschichtlich bedingt fast ausschließlich nach der letzten Eiszeit entstanden. Die meisten Moore sind in kühlen und kalten Klimaten (Verdunstung ist kleiner als Niederschlag)zu finden.

Speziell Niedermoore gibt es oft im hochkontinentalen und vom Permafrost geprägten Ostsibirien (auch Wiesenmoore). Hoch anstehendes Grundwasser, stauende Substrate und Permafrostboden begünstigen hier die Moorbildung. Mineralbodenwasser ernährte Moore im Südbaltikum dagegen, sind mehr von der Landschaftsform als vom Klima abhängig.

Tab.1: Torfvorrat ausgewählter Länder (Succow/ Jeschke, 1986, S. 178)

Land	Torfvorrat in % der gesamten Welttorfressourcen
Russland	66,0
Finnland	8,3
Kanada	7,8
USA ohne Alaska	4,3
GB und Irland	3,0
Schweden	2,9
BRD	3,3
Polen	2,0
Indonesien	0,8
Kuba	0,3

---

[15] Niedersächsisches Umweltamt, 2002, S.4

1.3 Niedermoortypen

Die größte Anzahl der Moore in Mitteleuropa sind Niedermoore. Die Landschaftsformen bieten sehr nährstoffgünstige Bedingungen, wobei aber generell die hydrologischen Voraussetzungen entscheidend sind.

Die Niedermoorvegetation weist stets auf mineralhaltiges Wasser hin (Bodenwasser).[16] Im Niedermoor wachsen Zeigerpflanzen, welche für die Gunstverhältnisse (Ph-Wert, Nährstoffe, Huminstoffe) stehen.

Diese nährstoffreichen Moore sind unter anderem Versumpfungs-, Quell- und Überflutungsmoore (Küstenstreifen-, Auenüberflutung). In Mooren, speziell in Überflutungsmooren findet eine Überflutung über den normalen Wasserpegel hinaus statt, das Moor trocknet aber meist nie vollständig aus. Die Quellmoore speisen sich durch eine Bodenwasserquelle und existieren auch vornehmlich aufgrund dieser. Versumpfungsmoore (z.B. Drömling)wiederum haben sich gegen eine Versumpfung durchgesetzt. Sie entstanden aus ehemaligen Sumpfverhältnissen. Das heißt die Wasserbilanz hält sich beim Moor kontinuierlich stabil oder führt durch sehr hohe Volatilität wieder zur Versumpfung. Regenmoore (Hochmoore) kommen vor allem in der Tundrenzone und im borealen Nadelwald vor, sie werden nach Gore/ 1983 und Walter 1968 in Polygon-, Palsen-, Aapa-, Strang-, Apa-, Hoch- und Deckenmooren unterschieden. Ich möchte aber hier näher auf die vorhandenen Niedermoortypen eingehen.

Tab. 2: Prozentuale Verteilung der hydrologischen Moortypen in moorreichen europäischen Ländern (nach Succow/ Jeschke 1986)

Typ/Land	D	PL	CZ	H	A	CH
Versumpfungsmoore	29	32	10	25	5	5
Durchströmungsmoore	15	30	25	25	25	25
Verlandungsmoore	13	20	5	20	15	15
Überflutungsmoore	9	5	5	25	5	5
Hangmoore	1	1	20	3	15	15
Quellmoore	1	1	4	1	2	2
Kesselmoore	2	5	1	1	3	3
Regenmoore	30	6	30	-	30	30

Niedermoore oder Grundwassermoore (umfasst die Zeilen Versumpfungsmoore bis Kesselmoore)

Was topogene Moore sind, lässt sich einfach mit der Örtlichkeit Ihrer Entstehung erklären. Die topogenen Moore (durch bestimmte Örtlichkeit entstanden) sind Verlandungs-,

---

[16] Liedtke/ Marcinek, 1995, S. 188

Niederungs-, Flachmoore und haben außer einem Höhenwachstum von 0,5-1mm/p.a., einen Ph-Wert von 5-7.

Der Gegensatz zu den topogenen Mooren sind die ombrogenen Moore (durch Niederschlag entstanden).

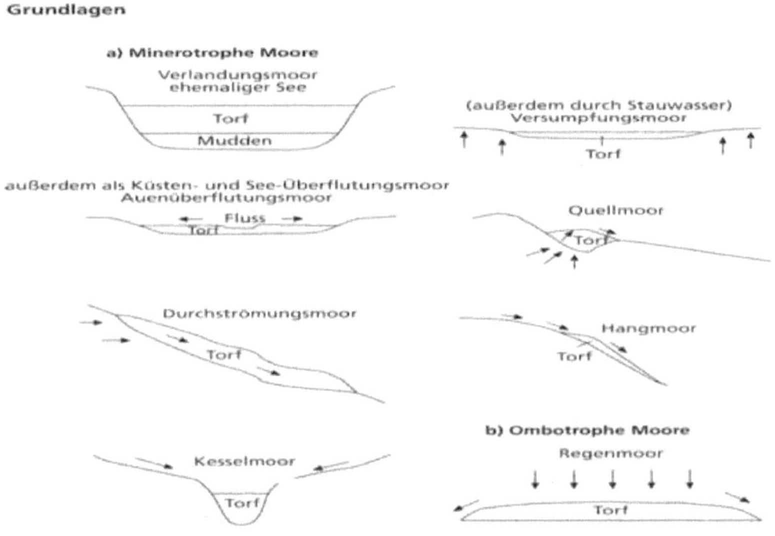

Grundlagen

a) Minerotrophe Moore
 Verlandungsmoor ehemaliger See
 Torf
 Mudden

(außerdem durch Stauwasser) Versumpfungsmoor
 Torf

außerdem als Küsten- und See-Überflutungsmoor
 Auenüberflutungsmoor
 Fluss
 Torf

Quellmoor
 Torf

Durchströmungsmoor
 Torf

Hangmoor
 Torf

Kesselmoor
 Torf

b) Ombotrophe Moore
 Regenmoor
 Torf

Abb.2: Minerotrophe Moore und ombotrophe Moore[17]

In Abbildung 2 sind alle hydrologischen Moortypen aufgezeigt. Unterschieden werden diese nach 7 hydrologischen Moortypen. [18] Nach Versumpfungsmooren, Hangmooren, Quellmooren, Überflutungsmooren, Verlandungsmooren, Durchströmungsmooren und Kesselmooren. Hydrologische Bedingungen für das Entstehen der Moore sind auch hier wieder entscheidend. Unterschiede im Wasserhaushalt ergeben unterschiedliche Entwicklungsstadien.

So nimmt das Verlandungsmoor unter den verschiedenen Moortypen den Platz mit dem höchsten geographischen Vorkommen ein. Das Kesselmoor dagegen, ist ein sehr spezieller Typ Moor, da sich dieses Moor nur sehr schwer ausbreiten kann und an eine spezielle Lage im Gelände stark gebunden ist. Die Pfeile im Modell zeigen die Richtung des speisenden Wassers an. So regnet es in jedem Niedermoor genau wie auf ein Hochmoor, doch das

---

[17] Kratz/ Pfadenhauer, 2001, S. 14
[18] Succow/ Jeschke, 1986, S. 31

Niedermoor speist sich nicht durch die positive Niederschlagsbilanz, sondern kann sogar bedingt Niederschlagsüberschüsse ausgleichen.

Ombotrophe Moore dagegen wirken grundsätzlich wie ein Schwamm und können enorme Mengen Niederschlagswasser speichern und kontinuierlich wieder abgeben.

Eine weitere Unterscheidung in 5 ökologische Moortypen in Mitteleuropa wird durch Succow/ 1986 vorgenommen in:

1. oligotroph-saure Moore = Sauer-, Armmoore (Hochmoore)
2. mesotroph-saure Moore = Sauer-Zwischenmoore
3. mesotroph-subneutrale Moore (unter Einschluss oligotroph-subneutraler Standortkomplex)
4. mesotroph-kalkhaltige Moore (unter Einschluss oligotroph-kalkhaltiger Standortkomplexe) = Kalk-Zwischenmoore
5. eutrophe Moore (in Vereinigung von subneutralen, kalkhaltigen und sauren Mooren) = Reichmoore

Da beim Klima insbesondere das Verhältnis von Verdunstung und Niederschlag maßgeblich ist, ist auch die Betrachtung der Lagerelation der Niedermoore zu den klimatischen Zonen sehr interessant. So liegen die Niedermoore größtenteils in kalten und kühl-gemäßigten Gebieten, in denen die Verdunstung nicht so hoch ist. In den Gebieten in der Nähe des Äquators nimmt die Verdunstung durch höhere Temperaturen zu und der vom Moor benötigte Wasserüberschuss fehlt. Ebenfalls von hoher Relevanz sind die Dauer und Tiefe des Bodenfrostes. Vor allem in Permafrostgebieten spielt die Frostverhältnisse und die Auftautiefe eine tragende Rolle für die Moorentstehung. Es herrscht generelle Abhängigkeit des Moores von der Größe des Gebietes, dem Substrat, Relief und der Pflanzendecke, sowie der oberirdischern Wassereinspeisung.

2. Entstehung/ Entwicklung

Torfschichten spiegeln die Entwicklungsstadien des Moores wider. Nicht nur die erwähnten chemischen Stoffe aus Luft und Wasser werden im Torf gespeichert, sondern auch alle Arten von organischen und anorganischen Bestandteilen der Umwelt. Diese Einlagerungen sind meist in recht gutem Erhaltungszustand, da sie unter Luftabschluss nicht stark zersetzt werden konnten. Zudem hemmt der hohe Säuregrad das Wachstum von Mikroorganismen und Reduzenten. Die gehemmte Zersetzung lässt Torf entstehen. Der Zersetzungsgrad und die

Zusammensetzung des Torfs änderten sich im Laufe der Erdzeitalter. Die Änderung der Zusammensetzung erfolgt durch klimatische und hydrologische Veränderungen, abgesehen von der anthropogenen Einwirkung. Bei günstiger Nährstoffversorgung und ausgeglichenem Verhältnis des PH-Wertes bilden sich Reichmoore(meist aus verlandeten Seen, Quellmooren, versumpften Niederungen), sowie nach Zusetzen der Bodenwasserverbindungen Armmoore.[19] Succow (1986) gliedert die Moore nach der Herkunft des speisenden Wassers und der daraus resultierenden Entstehung (s.o. hydrologisch - genetische Moortypen).

Die entwickelte Produktivität der Moorpflanzen ist sehr hoch und kann bei durch Regenwasser ernährten Mooren auf bis zu 8t lufttrockener Pflanzenmasse je Hektar und Jahr ansteigen. Masseproduktion kann aber in nährstoffreichen Mooren doppelt so hoch sein.[20] Dies richtet sich jedoch nach den jeweiligen spezifischen Standortbedingungen. Es ist festzustellen, dass die Entwicklung von Masse auch eine größere Reduktion und Zersetzung nach sich zieht, so wie in den Niedermooren zu beobachten ist.

2.1 Entwicklungsstadien

Primäre Moorentstehung ließ oft zuerst Niedermoore (durch Grund-, Quell-, Sickerwasser)entstehen, darauf wuchsen meist Hochmoore.
Zu den primären Mooren zählen Versumpfungs-, Hang- und Verlandungsmoore. Zu den sekundären Mooren zählen Durchströmungsmoore und Kesselmoore (aus Verlandungsmooren). Subhydrisch entstandene und von Mineralbodenwasser beeinflusste (minerotrophen) Moore sind die Niedermoore. Ausschließlich durch Niederschläge gespeiste Moore sind Hochmoore (ombrotroph).

Die Hochmoorentstehung erfolgt nach einer Zusetzung der Grundwasserkapillaren und einer Trennung vom Grundwasser, sowie einer ständigen Speisung aus Regenwasser(positive Wasserbilanz).
Niedermoore dagegen haben sogar ständigen Kontakt zum Grundwasser und zum Regenwasser (Regenwasser betrifft aber einen geringeren Teil der Zuflussmenge).
Niedermoore bilden sich meist in Senken, Mulden, Niederungen (Flussniederungen), in verlandeten Seeflächen, bei Quellaustritten an Hängen, immer dort wo sich Wasser ansammelt.

---

[19] Liedtke/ Marcinek, 1995, S. 187
[20] Succow/ Jeschke, 1986, S. 21

Die Entwicklung des Moores wird nachhaltig durch Entwässerung und Belüftung des Bodens verändert, dadurch folgt eine sekundäre Bodenbildung, welche zur Vererdung und Degradierung des Moores führen kann.
Durch die Degradierung entsteht meist Mulm, eine ungünstige Bodenform (irreversible Austrocknung und Erosion).
Das daraufhin folgende Endstadium der Niedermoorbildung führt zu schwer durchfeuchtbaren und durchwurzelbaren Vermurschungshorizonten.

Nach deutscher Bodensystematik gibt es natürliche, vererdete und kultivierte Moore. Die Zustandsstadien werden in nicht vererdete und unentwässerte, mäßig vererdete und mäßig entwässerte, stark vererdete und stark entwässerte, sowie ausgeprägte Vermullung und starke Degradierung unterschieden.[21]

Die heute noch vollkommen natürlichen Moore befinden sich meist in einem vom Menschen wenig oder gar nicht beeinflussten Gebiet. Während vererdete Moore oft durch menschlichen Einfluss trocken gelegt wurden oder durch natürliche Veränderungen (z.B. Klima)in einen erdigen Zustand übergegangen sind. Dies setzt eine Luftzufuhr und ein Nachlassen der permanenten Staunässe voraus. Vererdete Moore können durch einfache Wiedervernässung nicht ohne weiteres Ihren Urzustand erreichen, da sich die Bodenschichten verdichtet haben und ehemals Wasser führende Kapillaren mit Partikeln versetzt sind.

Die Entwicklung der Reichmoore in Deutschland lässt diese circa 0,1 mm bis 1 mm (bei jungen Mooren) wachsen.[22](verschiedene Quellenangaben und Untersuchungen geben sehr unterschiedliche Ergebnisse an)Je nach Alter der Moore besteht auch eine unterschiedliche Wachstumsgeschwindigkeit.
Durch Entwässerung des Moores endet auch das Wachstum, was oft eine größere Ausdehnung des z.B. Birkenmoorwaldes zur Folge hat.

Ph-Wert und Säure-Basen Verhältnis spielen eine bedeutende Rolle für das natürliche Moor. Der Säuregehalt im Moor entscheidet über die Ansiedlung der Pflanzen und damit auch über die Moorentwicklung.

---

[21] Succow/ Jeschke, 1986, S. 25
[22] Kuntze/ Roeschmann/ Schwerdtfeger, 1994, S.73

Nach der Entstehungsphase der Niedermoore und vor Wandlungen zu Regenmooren, findet eine Phase der Übergangsmoore (Zwischenmoore) statt. In dieser Phase durchläuft das Moor eine kontinuierliche Versauerung vom soligenen Moor bis zum ombrogenen Moor. Deshalb gelten Übergangsmoore als oligotroph bis dystroph und meistens auch als mäßig sauer.

2.2 Bodenprofil

Bodenkundlich gesehen sind Moore hydromorphe Böden mit mindestens 30 cm mächtigen Torfhorizonten und starken Reduktionsmerkmalen des liegenden Mineralkörpers. >30% des Moorkörpers bestehen aus mineralischem Material. Viele Niedermoore, z.b. in Niedersachsen, weisen jedoch mindestens 1,2m Torfmächtigkeit auf. [23] In diesen Torfmächtigkeiten sind ein hohes Bodenporenvolumen und hohe Luftarmut (Sauerstoffmangel)festzustellen.
Moorböden haben in der Regel 15-30% Humusgehalt, dabei handelt es sich um Moor- oder Anmoorkleyböden. Moorböden besitzen mindestens einen Anteil von 30%mas organischer Substanz im H-Horizont, dem Moorboden.[24]
Die Niedermoorböden über Sand sind mäßig nährstoffarm, auf Geschiebemergel und Löss nährstoffreich. Dies basiert auf der Nährstoffhaltigkeit des Bodenmaterials und der Zusammensetzung des speisenden Wassers. Das Wachstum der Torfschicht wird sehr unterschiedlich angegeben, in Niedersachsen mit jährlich durchschnittlich 0,1 mm bis 0,5 mm.[25]

Bei der Kultivierung von Niedermooren wurden andere Kulturen als bei Hochmooren angewandt. Die gebräuchlichsten Verfahren waren Schwarzkultur und Sanddeckkultur. Bei der Deckkultur werden Entwässerungsgräben durch das Moore angelegt. Auf die Niedermooroberfläche wird eine grobe Sandschicht gebracht. Damit beseitigt man den typischen Temperaturunterschied in den Moorböden. Bei der Schwarzkultur wird die Oberfläche eines Moores kontinuierlich bearbeitet und mit Dünger (speziell Phosphor, Kalk, Kali)angereichert und abschließend gewalzt.

---

[23] Niedersächsisches Bundesamt, 2002, S. 4
[24] Kuntze/ Roeschmann/ Schwerdtfeger, 1994, S.288
[25] Niedersächsisches Umweltamt, 2002, S. 4

Dabei wird der labile Bodentyp „Moor", der aus ca. 90 % (Poren) Wasser gefülltem Boden besteht stark beeinflusst.
Und jede Entwässerung bedeutet hierbei eine Verringerung des Porenvolumens (Poren sinken zusammen, wenn kein Wasser darin enthalten ist), daraus folgt eine Sackung des Moorbodens. Die Sackung führt zur Degradierung und unumgänglichen Zerstörung des Biotops.

Die mächtigsten entdeckten Niedermoore Europas befinden sich in Grenada (70m mächtig) und in Ostmazedonien (200m mächtig).[26]

2.3 Torftypen

Typische Niedermoortorftypen sind Schilf-, Radizellen- (Seggen-) und Erlenbruchtorfe.[27] Diese Torftypen sind hauptsächlich auf der Grundlage von Gräsern und Bruchholz entstanden. Entscheidend für die Torfarten ist das Säure-Basen-Verhältnis.[28] Die Moore werden in ökologische und phytozönologische Moortypen unterschieden.[29]
Der ökologische Moortyp ist durch die Umgebung des Moores und den Einflussbereich des Moores geprägt wurden. Phytozönologische Typen ergeben sich aus der Vegetation und den Grundlagen (Ph-Wert) der Vegetation.

Es gibt eine bestimmte Anzahl klassifizierter Torftypen. Weißtorf ist einer der Torftypen der direkt unter der Moosnarbe liegt. Weißtorf ist gelb braun und bildete sich in unserer Region ab 500 v. Chr. Das Klima kühlte damals ab und es gab mehr Niederschläge(positive natürliche Wasserbilanz). In manchen Regionen führte diese klimatische Veränderung zu einem vermehrten Wachsen des Torfmooses. Die abgestorbenen Pflanzen (vor allem Moose) wurden nur schwach von Destruenten zersetzt. Der daraus entstandene Torf hat einen sehr geringen Brennwert und war aus diesem Grund nicht optimal für die wirtschaftliche Verwendung geeignet. Die späteren Moorkolonisten setzten ihn vor allem als Stallstreu ein. Der Brauntorf dagegen, welcher unter dem Weißtorf liegt, ist dunkler und stärker zersetzt als Weißtorf. Er bildete sich circa 3000 v. Chr. und weist vermehrt Rückstände des Bruchwaldes auf. Unter dem Brauntorf befindet sich halbflüssiger Schwarztorf (ab ca. 6000 v. Chr.). Er

---

[26] Succow/ Jeschke, 1986, S. 21
[27] Kuntze/ Roeschmann/ Schwerdtfeger, 1994, S.69
[28] Liedtke/ Marcinek, 1995, S. 187
[29] Liedtke/ Marcinek, 1995, S. 187

besitzt den größten Anteil von organischen Waldresten und den höchsten Brennwert. Zum Vergleich, Steinkohle hat den doppelten Brennwert dieser Torfart.
Bei der Zersetzung von fester organischer Substanz, erfolgt die Bildung von Stinktorf. Die Pflanzenreste werden zu Gasen abgebaut und riechen sehr streng(Schwefelwasserstoff). Im Niedermoor können große Mengen Schwefelwasserstoff anfallen, da es wegen seines sulfathaltigen Grundwassers und seines Artenreichtums sehr eiweißreich ist. Deshalb prägte sich im Niedermoor auch der Begriff des "Stinktorfs".

3. Flora & Fauna

3.1 Flora des Ökosystems

Das Moor ist ein Feucht-, Flucht- und Rastbiotop, sowie ein Genreservoir.
Mit Feuchtbiotop wird der vielfach angesprochene Wasserhaushalt Synonym beschrieben. Das Fluchtbiotop ergibt sich aus der Zufluchtsmöglichkeit, gerade für Nischen besetzende Lebewesen und Rastbiotop trifft oft für ein Biotop zu, in welchem bestimmte Tiere nur temporär anzutreffen sind.
Speziell für die Fauna, ist dass vielfach angesprochene Säure-Basen-Verhältnis (Basensättigung) und der Trophiestatus (Nährstoffverhältnisse) entscheidend. Die Moorevegetation ist Grundlage für die Torfarten und deren Bildung.
Ein Großteil der Pflanzen in Hochmooren sind Moose der Gattung „Sphagnum"(saurer Boden und Nährstoffarmut).
Generell besteht in den Mooren eine Entwicklungsgunst durch hohen Stickstoffgehalt und PH-Wert zwischen 3,2 - 7,5.
In sauren Mooren liegt der PH-Wert <4,8. In subneutral und schwach saueren Mooren bei 4,8–6,4, sowie in Niedermooren bei alkalischen 6,4-8. Oberhalb des PH-Wert 6,4 enthalten die Moore oft Kalk, es herrscht meist eine stetige Kalkzufuhr durch das Ausgangsgestein.[30]
In Niedermooren befinden sich Pflanzen aus dichten, hochwüchsigen Vegetationsbeständen und wenig Licht liebende Moose. Die Hauptvegetation in den hochkontinentalen Niedermooren sind Seggen und Wollgräser, Zwergsträucher(Oxycoccus palustris, Andromeda polifolia, Erica tetralix) und bei stärkerer Austrocknung Calluna vulgaris.

---

[30] Succow/ Jeschke, 1986, S. 28

Auch Bruchwälder, Erlenbruchwälder, Kiefern, seltener Fichten (im Harz), Eschenwälder, Feuchtgebüsche (z.B. Weidenarten), Schilfgräser, Binsen, Sauergräser, Moose, Großseggenriede (Sauergräser) und Röhrichte (Rohrkolben, Schilf) sind typisch.

In den Mooren wachsen Zeigerpflanzen, die den PH-Wert eingrenzen lassen, z.b. in Übergangsmooren Mineralbodenwasserzeiger, welche die Konkurrenz der beiden Moortypen (Hoch/ Niedermoor) ausnutzen.

Erica tetralix spielt eine maßgebliche Rolle beim Aufbau der Torfe, ist aber meist in nährstoffarmen Mooren zu finden. Einige Pflanzen, z.B. fleischfressende Pflanzen (Aldrovanda vesiculosa) sind nur in Mooren und Wasserökosystemen anzutreffen.

Die Vegetation ist eine der wichtigsten, wenn nicht die wichtigste Grundlage für eine kontinuierliche Moorentwicklung.

3.2 Fauna des Ökosystems

Das Ökosystem Niedermoor, egal ob kontinental oder maritim geprägt, zählen zu den besonders artenreichen Feuchtlebensräumen. Die Fauna ähnelt der eines Feuchtgrünlandes. Niedermoore sind wichtige Brut- und Nahrungsbiotope vieler Vogelarten(z.b. Bekassine (Gallinago gallinago), Großer Brachvogel (Numenius numenius), Stelzvögel (Limikolen), Entenarten, Wiesenpieper und Schafstelze).

Das Niedermoor bildet für manche Lebewesen die einzige Lebensgrundlage(Nischenexistenz) und ist somit z.b. für den kleinen Moorbläuling (Maculinea alcon), einen Schmetterling, einzige Lebensgrundlage. Er legt seine Eier nur am Lungenenzian (Gentiana pneumonanthe) oder am Schwalbenwurzenzian (Gentiana asclepiadea) ab. Diese Enzianart (Gentiana pneumonanthe) verdankt ihren Namen der angeblichen lungenheilenden Wirkung. Noch vor der ersten Häutung gelangen die Raupen des Moorbläulings in Ameisennester. Hier ernähren sie sich räuberisch von Ameisenlarven. Die Raupe sondert eine zuckerhaltige Substanz ab, mit der sie die Ameisen geschickt ablenkt. Dies ist nur ein Beispiel für eine Nischenpopulation, welche man im Moor finden kann.

Damit möchte ich ausdrücken, dass das Moor ein überaus wichtiger Teil unseres natürlichen Gesamtsystems ist und durch ein mögliches Verschwinden dieses Ökosystems andere Teile des Natursystems nachhaltig mit beinflusst werden könnten.

Es gibt eine Vielzahl weiterer spezialisierter Lebewesen, z.b. Kreuzotter und Ringelnatter, diese beiden Schlangen sind wie andere Nischenbesetzer im Gesamtökosystem an spezifische Beute angepasst, die oft nur in Moor oder Feuchtgebieten vorkommt.

Es wird offensichtlich, dass die Tiere im Ökosystem Niedermoor nicht zu dem enormen Rückgang der Niedermoore geführt haben, das diese das Moor oft als einzigen Rückzugsraum nutzen können. Die Folgen des Moorrückgangs, gehen wohl auf anthropogene Nutzung zurück.

4. Anthropogene Nutzung

4.1 Wirtschaftsfaktor Niedermoor

Die ältesten großräumig angelegten nachweisbaren Moortrockenlegungen, sind die des Forum Romanum. Damals wurde z.b. noch kein Torf zum Heizen oder Torf für Heilzwecke (Moorbad)gewonnen. Die Nutzbarkeit galt damals nur dem Land und Boden. Es wurde Moorfläche trocken gelegt, um das Land für menschliche Nutzungen zugänglich zu machen.

Grundsätzlich haben Niedermoore kaum Bedeutung für wirtschaftliche Nutzung, da Sie nicht die entsprechende effiziente Torfmächtigkeit und auch nicht die optimalen Torfeigenschaften besitzen.[31]
Es kann eine enorme Schwierigkeit für landwirtschaftliche Standorte in den Gebieten festgestellt werden (Erschließung etc.). Zurzeit werden mehr als 60 Prozent des in Deutschland abgebauten Torfes für Substrate im Erwerbsgartenbau verwendet, 25 % für Kleingartennutzung und 15 % für industrielle Zwecke (als Brennstoff oder für therapeutische Maßnahmen).[32]
Menschen entwässern und entwässerten Niedermoore und nutzen dieses für Land- und extensive Grünlandwirtschaft, vermehrt folgt auch die Erschließung der Erholungsfunktion für ein Naturerlebnis. Dabei wird das Moor oft unter Naturschutz gestellt, sowie Auflagen für sachgerechte Nutzung erteilt.

---

[31] Niedersächsisches Umweltamt, 2002, S. 5
[32] Succow/ Joosten, 2001, S. 406

Im Zusammenhang mit Moorwirtschaft ist der Begriff Fehnkultur zu nennen. Veen(Venn, Fehn, Feen für Moorland) stammt aus dem niederländischen und heißt ins deutsche übersetzt soviel wie Morast und die Fehnkultur ist die antrophogene Kultur, die auf dem Moor und durch das Moor entstanden ist. Der Begriff existiert circa seit dem 16./17. Jahrhundert und steht für eine planmäßige Siedlung der Binnenkolonisation im Moor um Torf abzubauen. Typisch für die Fehnsiedlung sind Schifffahrtskanäle zum Torftransport.[33]

Das Moor wird von Wissenschaftlern genutzt, um mit der Archivfunktion Klima- und Kulturdaten zu gewinnen. Das Moor bietet durch den Luftabschluss und die geringe Zersetzung optimale Erhaltungsverhältnisse. So können mehrere tausend Jahre alte Pollen und anthropogene Reste analysiert werden. Das diesen Spuren wird auf Lebensverhältnisse und Umweltbedingungen zu einer bestimmten Zeit geschlossen.

Das Moor kann auch als öffentliches Gut einen Nutzen für die Allgemeinheit hervorbringen, wenn es Naturbelassen zum Einsatz kommt und der Erholung und Naturstabilität dient. Hochwasserschutz ist ein zunehmend wichtiger Faktor in der menschlichen Nutzung der Niedermoore. Die Moore wirken wie ein Schwamm und nehmen zuerst Wasser auf, danach geben sie es langsam ab und wirken somit in Hochwasserspitzen als Dämpfung und Milderung des Wassers (Pufferfunktion).
Betrachtet man die Moore unter geologischen Gesichtspunkten, so kann man eine besondere Gruppe biogener Gesteine in Form von Torf und Kohlen(Kaustobioloithe) feststellen. Im mineralisch, petrographischen Sinne ist Torf ein Gestein mit einem hohen Anteil organischer Substanz und deshalb für den Menschen nutzbar.
Diese Feststellung wirft die Frage auf, welche Biomasse wird wie verwendet?
Entweder energetisch zur Verbrennung, Verfeuerung, Vergärung und Vergasung (Riede, Röhrichte, Erlenbrüche, Weidengehölze)oder rein industriell zur Herstellung von Dachried, Papiere, Korbwaren, chemischen Grundstoffen, Formkörpern, Möbeln- und Bauhölzern(Schilfröhrichte, Riede, Schilf, Bruchhölzer)[34]
Vor einigen Jahrhunderten wurde Torf zur Bronzeherstellung, Kupfer- und Zinnschmelze genutzt. Bei der Befeuerung mit Torf, konnte man mit gut regelbaren Gradzahlen zwischen 800 °C und 2200 °C agieren.

---

[33] BRUNOTTE/ GEBHARDT/ MEURER/ MEUSBURGER/ NIPPER, 2002, S. 370
[34] Kratz/ Pfadenhauer, 2001, S. 181

4.2 Renaturierung

Die Renaturierung setzt voraus, dass der Mensch sich gewiss ist, welchen Optimalzustand er anstrebt(Leitbild, Entwicklungsziel). Das heißt, wie das Moor nach der Renaturierung aussehen soll. Steht dies fest, muss das Einzugsgebiet ermittelt werden. Es folgen in den meisten Fällen ein Stop der Entwässerung und die Anhebung des Wasserspiegels. Weit verbreitete Maßnahmen sind die Schließung der Entwässerungssysteme, Rückstau von Oberflächenwasser und Anhebung des Grundwasserspiegels. Lag das Moor längere Zeit trocken und war der natürlichen Sukzession ausgesetzt, so muss eine Entbuschung, Mahd und Beweidung vorgenommen werden, um den natürlichen Moorcharakter wieder herzustellen. Das Stoppen der Moornutzung aus forstwirtschaftlicher, landwirtschaftlicher und gartenbaulicher Sicht ist ohnehin Grundlage der Renaturierung. Sind alle anthropogenen Einflüsse beseitigt, so folgt ein aktives Umweltmonitoring zur Beobachtung der Entwicklung. Es werden hierbei vor allem die positive klimatische Wasserbilanz und der Stauwasseranteil beobachtet. Bis ein natürliches Endstadium der Vertorfung erreicht wird, vergehen bei einem Moor durchschnittlich mehrere hundert Jahre. Beim Abbau des Moores und der Verwertung der gewonnenen Güter entsteht eine Freisetzung aus den Stoffsenken in die ursprünglichen Stoffe. Bei der Renaturierung wird dagegen wieder Potential in Form von Senken, zur Aufnahme von Stoffen geschaffen.

Auch die Vererdung und Vermulmung wird zurückgeführt in die ursprüngliche Wasserspeicherfähigkeit des Moorbodens, zuvor entstandene erhöhte Erosionsfähigkeit wird reduzieren und allmählich ganz abgebaut.

4.3 Zukunftsentwicklung der Niedermoore in Deutschland

Für zukünftige Entwicklungen kann oft nur ein Erwartungsmaßstab gesetzt werden. Ein Leitbild für die dauerhafte Sicherung von Niedermooren implementiert unter anderem die Nutzung nachwachsender Rohstoffe in erheblichem Maße. Gefährdungen durch Eutrophierungen des Verkehrs, der Industrie, der Landwirtschaft und insbesondere Gefährdung für oligotrophe Moore müssen nach dem Leitbild begrenzt oder abgeschafft werden.

Durch eine dauerhafte Sicherung von Niedermooren sollen die landschaftsökologischen Funktionen auch in Zukunft gewährleistet oder wiederhergestellt werden. Relativ schwer ist es dabei, eine optimale Lösung für alle Beteiligten zu finden. Es muss ein effizienter Weg gefunden werden alle Nutzungsansprüche und Ziele zu vereinen. Als effizient gilt hierbei der Standpunkt, bei welchem keine Partei besser gestellt werden kann ohne eine andere schlechter zu stellen. Dabei stehen die Reduzierung der Nitratausträge zur Sicherung der Gewässergüte und Trinkwasserqualität, Reduzierung der Freisetzung von Treibhausgasen, Erhalt oder Wiederherstellung der Speicher bzw. Senkenfunktion für Stickstoff und Kohlendioxid , Erhalt oder Wiederherstellung der Wasserspeicherfunktion Schaffung eines naturnahen Grundwasserstandes, Sicherung des Bodens durch Vermeidung des Torf- und Bodenschwundes, Erhalt oder Wiederherstellung der biologischen Vielfalt mit ihren charakteristischen Niedermoor-Lebensgemeinschaften Förderung der Erholungs- und Erlebnisqualitäten im Vordergrund.[35] Eine moorschonende Bewirtschaftung kann ein Ausgangspunkt für eine immer naturnahere Nutzung sein. Zu dieser Bewirtschaftung zählt vor allem extensive Grünlandbewirtschaftung, Nutzung der aufwachsenden Biomasse zur Erzeugung von Bioenergie, Anbau von Seggen, Rohrkolben oder Schilf, Waldentwicklung zur Produktion von Holz als Baustoff und zur Energieerzeugung. Die Prämisse ist dabei die dauerhafte Sicherung der Niedermoore. Aufgabe der Umweltpolitik und der Behörden ist es den Naturschutz, Gewässerschutz und Wasserwirtschaft, Bodenschutz, Klimaschutz sowie Land und Forstwirtschaft integrativ einzubinden. Eine umfassende Realisierung setzt das Zusammenwirken aller Beteiligten voraus.[36]

Folgende Gefährdungsfaktoren und -ursachen müssen beseitigt werden, um die Moorlandschaft auch in Zukunft zu erhalten und die weitere Nutzbarkeit zu gewährleisten. Dabei sind die Veränderung der Standortfaktorenkomplexe, Zerstörung der Wuchsorte, Entwässerung, Grundwasserabsenkung, voranschreitende Torfminerlisation, Nährstoff-Freisetzung durch Eutrophierung und Düngung, Nutzungsintensivierung (Maschinenmahd und Beweidung mit Trittschäden, Bodenverdichtung, Nivellierung des Mikroreliefs, Torfabbau, Umbruch sowie Aufforstungen und Bepflanzungen zu unterbinden. Diese Menge an Erfordernissen lässt sich sicher schlecht realisieren, könnte aber als Grundsatz für eine optimale Renaturierung dienen.

„Man sollte von den Erträgen der Erde leben, nicht von der Substanz"

---

[35] Niedersächsisches Umweltamt, 2002, S. 4 ff
[36] Niedersächsisches Umweltamt, 2002, S. 5 ff

5. Quellen- und Literaturverzeichnis

BERG, E. (2004): Oldenburger Forschungen, neue Folge Band 20. Die Kultivierung der nordwestdeutschen Hochmoore. Oldenburg.

BIBLIOGRAPHISCHES INSTITUT & F.A. BROCKHAUS AG (2005):Meyers Großer Weltatlas. 8. Aufl.. Mannheim/ Leipzig/ Wien/ Zürich.

BRUNOTTE, E./ GEBHARDT, H./ MEURER, M./ MEUSBURGER, P./ NIPPER, J. (2002): Lexikon der Geographie. Heidelberg, Berlin.

KUNTZE, H./ ROESCHMANN, G./ SCHWERDTFEGER, G. (1994): Bodenkunde. 5.Aufl. Stuttgart.

LENTZ, S./ MAYR, A. (2004): Nationalatlas der Bundesrepublik Deutschland Teil 3. Heidelberg.

LIEDTKE, H./ MARCINEK, J. [Hrsg.] (1995): Physische Geographie Deutschlands. Gotha.

NEUMANN, T. (2005): Hintergrundinformation des WWF, Torfabbau zerstört Moore. Mölln.

NIEDERSÄCHSISCHES UMWELTMINISTERIUM [Hrsg.] (2002): Niedermoore in Niedersachsen. Hannover.

PFADENHAUER, J./ KRATZ, R.(2001): Ökosystemmanagement für Niedermoore. Stuttgart.

SUCCOW, M./ JESCHKE, L. (1986): Moore in der Landschaft. Leipzig/ Jena/ Berlin.

SUCCOW, M./ JOOSTEN, H (2001): Landschaftsökologische Moorkunde. Greifswald.

Internetquellen

NATURPARKVERWALTUNG DRÖMLING
<http://www.biosphaerenreservat-droemling.de/index.php?module=htmlpages&func=display&pid=9> (01.11.07)

WWF DEUTSCHLAND FACHBEREICH NATURSCHUTZ UND FLÄCHENMANAGEMENT
<http://www.wwf.de/themen/suesswasser/lebensraeume/moore/> (03.11.07)

I Tabellen- und Abbildungsverzeichnis

Abb.1: Gewässersystem in Mooren. Succow/ Jeschke, 1986.

Abb.2: Minerotrophe Moore und ombotrophe Moore. Pfadenhauer/ Kratz, 2001, S.14.

Tab.1: Succow, 1986, S. 178 (verändert)

Tab. 2: Prozentuale Verteilung der hydrologischen Moortypen in moorreichen europäischen Ländern (nach Succow/ Jeschke 1986)